동물보건 실습지침서

동물보건행동학 실습

김민철 · 신윤주 저

김옥진 · 김정연 · 송광영 · 이경동 · 이형석 · 정은겸
정하정 · 하윤철 감수

박영story

머리말

최근 국내 반려동물 양육인구 증가에 따라, 인간과 더불어 사는 동물의 건강과 복지 증진에 관한 산업 또한 급성장을 이루고 있습니다. 이에 양질의 수의료서비스에 대한 사회적 요구는 필연적이며, 국내 동물병원들은 동물의 진료를 위해 진료 과목을 세분화하고, 숙련되고 전문성 있는 수의료보조인력을 고용하여, 더욱 체계적이고 높은 수준으로 수의료진료서비스 체계를 갖추고 있습니다.

2021년 8월 개정된 수의사법이 시행됨에 따라, 2022년 이후부터는 매년 농림축산식품부에서 주관하는 국가자격시험을 통해 동물보건사가 배출되고 있습니다. 동물보건사는 동물에 대한 관찰, 체온 · 심박수 등 기초 검진 자료의 수집, 간호판단 및 요양을 위한 간호 등 동물 간호 업무와 약물도포, 경구투여, 마취·수술의 보조 등 동물 진료 보조 업무를 수행하고 있습니다.

동물보건사 양성기관은 일정 수준의 동물보건사 양성 교육 프로그램을 구성하고, 동물보건사 필수교과목에 해당하는 교내 실습교육이 원활하고 전문적으로 이뤄질 수 있도록 교육 시스템을 마련해야 할 것입니다. 본 실습지침서는 동물보건사 양성기관이 체계적으로 동물보건사 실습교육을 원활하게 지도할 수 있도록 학습목표, 실습내용 및 준비물 등을 각 분야별로 빠짐없이 구성하였습니다. 또한 학생들이 교내 실습교육을 이수한 후 실습내용 작성 및 요점 정리를 할 수 있도록 실습일지를 제공하고 있습니다.

앞으로 지속적으로 교내실습 교육에 활용할 수 있는 교재로 개선해 나갈 것이며, 이 교재가 동물보건사 양성기관뿐만 아니라 동물보건사가 되기 위해 준비하는 학생들에게도 유용한 자료가 되기를 바랍니다.

2023년 3월

저자 일동

학습 성과	

학 교	
실습학기	
지도교수	
학 번	
성 명	

실습 유의사항

실습생준수사항

1. 동물을 강압적으로 다루지 않는다.
2. 동물의 이름을 상냥하게 부른다.
3. 안전에 반드시 유의한다.

실습일지 작성

1. 필요한 이론적인 내용 및 실습 내용을 메모한다.
2. 실습날짜를 정확하게 기록한다.
3. 논의, 토의한 내용을 기록한다.

실습지도

1. 필요한 이론 교육이 선행되어야 한다.
2. 실습지침서에 기록된 사항을 고려하여 지도한다.
3. 안전에 반드시 유의한다.

실습성적평가

1. ______시간 결석시 ______점 감점한다.
2. ______시간 지각시 ______점 감점한다.
3. ______시간 결석시 성적 부여가 불가능(F)하다.

* 실습성적평가체계는 각 실습기관이 자체설정하여 학생들에게 고지한 후 실습을 이행하도록 한다.

주차별 실습계획서

주차	학습 목표	학습 내용
1	동물행동학에 대한 정의 이해하기	동물의 진료를 보조하기 위해 기본적인 동물의 행동을 이해해야 한다.
2	동물의 발달 과정에 대해 이해하기	내원하는 동물의 발달 과정에 따라 필요한 진료 스케줄을 이해하고 보호자에게 설명할 수 있으며 연령대에 따라 보일 수 있는 행동 양상을 이해하고 필요한 진료를 보조하고 동물을 관리할 수 있어야 한다.
3	동물의 커뮤니케이션 방법 이해하기	동물 진료 보조에 필요한 동물의 정상적인 커뮤니케이션 방법을 이해하여야 한다.
4	동물의 스트레스 행동 이해하기	동물병원에 내원한 동물은 기본적으로 취약한 상태에서 스트레스 환경하에 놓이게 되어 다양한 행동 반응을 보일 수 있음을 이해하여야 한다. 특히 공격성을 포함한 위험한 행동이 발생하는 기전과 그 전후를 이해하고 그러한 행동이 발생하지 않도록 동물을 관리해야 한다.
5	동물을 교육하는 기본 이론 학습	동물을 교육하는 데에 필요한 최신 행동 교육 이론을 학습하고 이해할 수 있어야 한다. 트레이닝은 빠르게 변화하는 분야로 특히 과거의 강압적인 트레이닝 방법은 보통 동물복지 등의 이유로 지양되는 추세이며 반드시 최신의 트레이닝 이론을 습득해야 한다.
6	내원한 동물의 기본 관리	내원 시 필요한 기본 관리를 스트레스 없이 수행할 수 있어야 한다.
7	내원한 동물의 정보를 통해 동물이 보일 수 있는 행동 파악하기	동물의 종, 연령, 성별, 내원 사유 등과 연관되어 원내에서 보일 수 있는 행동을 예측하고 그에 대비할 수 있어야 한다.
8	내원한 동물을 스트레스 없이 보정하여 진료를 보조	내원한 동물을 안전하고 불편함 없이 보정함과 동시에 진료를 진행하는 데에 방해가 되지 않도록 연습하여야 한다.
9	입원 중의 동물을 스트레스 없이 관리	입원 중인 동물이 보이는 행동에 따라 적절한 관리를 할 수 있어야 한다. 입원한 사유와 처방 및 관리되고 있는 정보를 기본으로 보이는 스트레스 반응(많이 짖음, 갇혀 있는 환경에서 배뇨 배변을 불편해 하는 등의 행동 등)에 적절히 대처할 수 있어야 한다.
10	호텔링, 놀이방 등 건강한 원내 동물을 스트레스 없이 관리하기	동물이 탈출하거나 서로 싸우는 등의 사고가 발생하지 않도록 모든 동물들의 행동을 철저하게 모니터링 해야 한다.

주차	학습 목표	학습 내용
11	원내 동물 스트레스 없이 관리하기	동물병원에서 대기 중이거나 용품 구입 등으로 내원한 동물이 가급적 스트레스 받지 않도록 편안한 분위기를 조성하며 환경을 가급적 청결히 유지해야 한다.
12	정상 동물에서 기본 트레이닝 수행	정상 동물에서 앉아, 기다려, 손 등 기본 행동을 교육할 수 있어야 한다.
13	문제 행동 관리 중인 동물의 트레이닝	행동 치료 동물병원의 동물보건사는 수의학적으로 치료하고 관리 중인 동물에게 필요한 행동 교육을 보호자에게 지시하고 직접 시범을 보이거나 교육할 수 있어야 한다.
14	재활 동물의 자세 및 행동 트레이닝	재활 프로그램을 운영하는 동물병원의 동물보건사는 각 질환별 동물에게 필요한 재활을 이해하고 이를 동물에게 적용하여 필요한 자세를 취하게 하거나 행동을 하도록 유도하고 교육할 수 있어야 한다.
15	소동물 행동의 이해	동물병원에 내원하는 개, 고양이 이외의 소동물 종별 특성과 정상 행동을 이해하고 이에 알맞은 보정, 관리를 수행할 수 있어야 한다.
16	야생동물 행동의 이해	야생동물센터에서 활동할 동물보건사는 기존 반려동물과는 다른 다양한 동물들의 행동을 이해하고 진료에 필요한 안전한 보정을 할 수 있어야 하며 각 동물 종에게 필요한 관리, 사육 방향 및 야생으로 방사할 때 필요한 재활 훈련을 보조할 수 있어야 한다.
17	동물원 동물 행동의 이해	동물원에서 활동한 동물보건사는 국내에 서식하지 않는 외래 동물들을 국내 상황에 맞추어 관리하고 사육하며 필요한 행동을 행동 교육 이론에 기초하여 교육할 수 있어야 한다.
18	실험실 동물 행동의 이해	동물 실험실에서 활동할 동물보건사는 동물의 복지는 물론 실험 데이터에 최소한의 영향을 줄 수 있도록 동물을 관리할 수 있어야 한다. 주로 소동물이 많으므로 소동물 행동과 사육 방향에 대한 이해가 필요하다.
19	농장 동물 행동의 이해	소, 돼지 등 대형 동물, 혹은 닭 등의 조류는 밀집 사육 등 열악한 환경에 의한 반응으로 문제 행동을 보일 가능성이 크다. 개체 관리를 하지 않는 산업 특성상 이러한 동물이 확인될 시 사육 환경 등 주변 환경에 대한 관리가 필요하다.

주차	학습 목표	학습 내용
20	동물 트레이닝 기관 및 시설에서의 동물 행동의 이해	사설 훈련소, 특수견 훈련 기관 등에서 활동할 동물보건사는 직접 동물을 트레이닝할 수 있어야 할 뿐 아니라 동물의 사육 관리 등을 포함한 스트레스 관리도 해줄 수 있어야 한다, 특히 특수견 등 사역 동물의 경우 사역 전후의 스트레스 관리가 매우 중요하다.

차례

PART 01 동물행동학의 정의

PART 02 동물행동 교육 이론

PART 03 동물병원에서의 동물행동의 이해 및 관리

PART 04

동물 관리 기관에서의 동물행동의 이해 및 관리

동물보건 실습지침서

동물보건행동학 실습

박영story

학습목표

- 동물행동학의 기본 정의를 학습한다.
- 동물의 발달 과정을 이해한다.
- 동물의 정상 커뮤니케이션 방법 및 스트레스 행동을 이해할 수 있어야 한다.

PART 01

동물행동학의 정의

01

동물행동학의 정의

실습개요 및 목적

동물행동학의 전반적인 이론과 학문적 배경, 근거 지식들을 습득한다.

실습준비물

- 교과서
- 동물의 행동을 보여주는 각종 영상물
- 개, 고양이 등의 동물 혹은 모형

실습방법

1. 동물행동학의 기본 정의를 학습한다.
2. 동물행동학의 학문적 배경이 되는 다양한 행동 이론들을 습득한다(ex. 파블로프의 개).
3. 동물행동학이 동물보건사에게 필요한 이유 및 중요성을 체득한다.

실습 일지

실습 날짜	. . .

실습 내용	
토의 및 핵심 내용	

교육내용 정리

02

동물의 발달 과정

실습개요 및 목적

대표적인 반려동물인 개와 고양이의 행동 발달 과정을 학습한다.

실습준비물

- 교과서
- 동물의 행동을 보여주는 각종 영상물
- 개, 고양이 등의 동물 혹은 모형

실습방법

1. 개와 고양이의 행동 발달 과정을 학습한다.
2. 발달 단계마다 중요하게 체득되는 행동들에 대해 이해한다.
3. 사회화 시기의 중요성을 체득하며 이후 이 시기 내원하는 동물을 다룰 때 행동을 어떻게 관리할 것인지 토의한다.
4. 발달 시기마다 주로 겪게 되는 건강 및 일상 관리상의 이슈들을 이해하고 보호자에게 설명할 수 있도록 연습한다.

실습 일지

실습 날짜	. . .

실습 내용	
토의 및 핵심 내용	

교육내용 정리

03

동물의 커뮤니케이션 방법

실습개요 및 목적

주요 반려동물인 개와 고양이를 중심으로 동물의 정상 커뮤니케이션 방법을 숙지한다.

실습준비물

- 교과서
- 동물의 행동을 보여주는 각종 영상물
- 개, 고양이 등의 동물 혹은 모형

실습방법

1. 개와 고양이를 중심으로 동물의 정상 커뮤니케이션 방법을 숙지한다.
2. 원내에서 겪을 수 있는 동물의 커뮤니케이션 행동을 논의하여 그 행동의 목적과 대처를 토론한다.
3. 정상 이외의 커뮤니케이션 행동이 무엇이 있을지 논의하고 그 행동의 목적과 대처를 토론한다.

실습 일지

실습 날짜	. . .

실습 내용	
토의 및 핵심 내용	

교육내용 정리

04

동물의 스트레스 행동 이해

실습개요 및 목적

동물이 원내에서 보일 수 있는 스트레스와 연관된 다양한 행동들의 종류와 그에 따른 대처를 논의한다.

실습준비물

- 교과서
- 동물의 행동을 보여주는 각종 영상물
- 개, 고양이 등의 동물 혹은 모형
- 넥카라, 입마개, 담요 등 다양한 보정 기구

실습방법

1. 원내에서 보일 수 있는 다양한 스트레스와 연관된 행동에 대해 토의한다.
2. 다양한 동물 영상들을 확인하며 그 행동의 이상 여부, 행동의 목적, 보호자의 태도 및 환경, 어떻게 대처할 것인지를 토의한다.
3. 내원하는 동물의 예측되는 스트레스 반응을 논의하며 진료 과정에 적합하도록 적절하게 보정해 본다.
4. 보호 기구를 적절히 활용해본다.

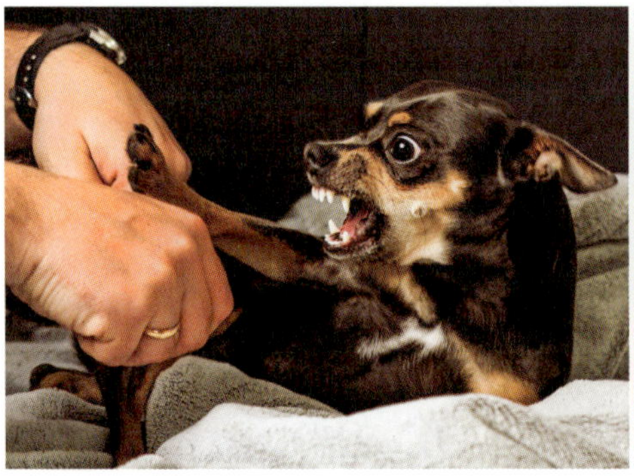
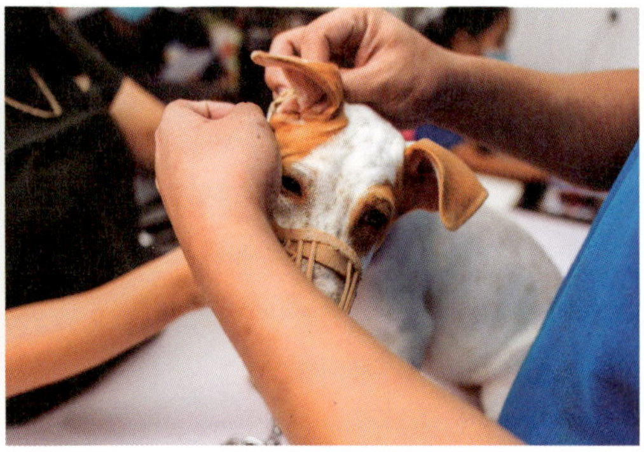

실습 일지

실습 날짜	. . .

실습 내용	
토의 및 핵심 내용	

교육내용 정리

학습목표

- 동물 행동 이론을 통하여 올바른 반려동물 관리 방법을 학습한다.
- 동물보건사로서 알아야 할 동물 행동 교육 이론을 학습한다.
- 행동 교육을 통해 동물의 행동을 관리하고 진료를 보조할 수 있다.

PART 02

동물행동 교육 이론

01

동물행동 교육 이론

실습개요 및 목적

동물보건사로서 알아야 할 기본 행동 교육 이론을 학습하고 실사례 및 적용 방향을 숙지할 수 있다.

실습준비물

- 교과서
- 동물의 행동을 보여주는 각종 영상물

실습방법

1. 동물 행동 교육 이론을 학습한다.
2. 조건화, 긍정강화 등 행동 교육 관련 용어를 이해하고 그에 대한 예시 행동 및 교육 방법을 토의한다.
3. 영상을 통해 교육 이론이 실질적으로 어떻게 적용되는지 파악한다.

실습 일지

실습 날짜	. . .

실습 내용	
토의 및 핵심 내용	

교육내용 정리

02

정상 동물에서의 기본 트레이닝

실습개요 및 목적

바탕이 된 행동 교육 이론을 토대로 실질적으로 동물에게 적용하여 실제로 특정 행동을 교육할 수 있다.

실습준비물

- 교과서
- 동물의 행동을 보여주는 각종 영상물
- 개, 고양이 등과 같은 반려동물

실습방법

1. 동물에게 기본적인 행동(앉아, 기다려, 손 등)을 실제로 교육하여 그 행동을 수행할 수 있게 한다.
2. 실제로 자신의 반려동물에게 적용한 사례를 영상으로 찍어온 후 교육의 적합성과 효율성을 토의한다.
3. 내원한 동물이 보일 수 있는 다양한 문제 행동들을 기존에 습득한 이론을 바탕으로 원하는 행동으로 어떻게 대체할 수 있을지 논의한다.
4. 실제 반려동물이 실습실이나 실습 장소에 있을 경우 실제로 특정 행동을 가르쳐 본다.

실습 일지

실습 날짜	. . .

실습 내용	
토의 및 핵심 내용	

교육내용 정리

03

문제행동 관리 중인 동물의 트레이닝

실습개요 및 목적

동물의 문제 행동을 어떻게 관리하고 교육할 수 있는지 학습한다.

실습준비물

- 교과서
- 동물의 행동을 보여주는 각종 영상물

실습방법

1. 동물이 보일 수 있는 다양한 문제 행동들이 어떤 것들이 있는지 논의하고 목록을 작성해본다.
2. 수의학적인 관리 이외에 어떠한 교육을 통해 상기 문제들을 해결할 수 있는지 논의한다.
3. 실질적으로 적용할 교육을 보호자에게 설명할 수 있도록 연습한다.
4. 자신의 반려동물에게 적용한 사례가 있다면 영상을 촬영하여 교육의 적절성과 효과, 보완해야 할 점 등을 토의한다.

실습 일지

실습 날짜	.　.　.

실습 내용	
토의 및 핵심 내용	

교육내용 정리

04

재활 동물의 자세 및 행동 트레이닝

실습개요 및 목적

재활 프로그램을 운영하고 있는 동물병원 및 시설에서 동물의 재활 치료를 보조할 수 있다.

실습준비물

- 교과서
- 동물의 행동을 보여주는 각종 영상물
- 개, 고양이 등 혹은 동물 모형

실습방법

1. 동물에게 재활이 필요한 다양한 의료적인 상황과 배경을 학습한다.
2. 각 질환이나 상태에 따라 필요한 재활이 어떤 것들이 있는지 숙지한다.
3. 필요한 재활을 수행하기 위해 동물이 해야 하는 자세나 행동을 어떻게 교육할 수 있는지 기존 이론적인 배경을 토대로 논의한다.
4. 실제로 필요한 행동들을 반려동물에게 교육시켜 보고 영상을 촬영하여 자세나 행동의 적절성, 교육의 효율성 및 개선되어야 할 점을 논의한다.

실습 일지

실습 날짜	. . .

실습 내용	
토의 및 핵심 내용	

교육내용 정리

학습목표

- 내원한 동물의 기본 관리를 수행할 수 있다.
- 진료 중인 동물을 행동학적인 스트레스 없이 보정하고 관리할 수 있다.
- 입원 중이 동물을 행동학적인 스트레스 없이 관리할 수 있다.
- 그 외 원내 상황에서 동물을 행동학적인 스트레스 없이 관리할 수 있다.
- 개, 고양이 이외의 소동물의 정상 행동을 이해하고 진료를 보조하며 관리할 수 있다.

PART 03

동물병원에서의 동물행동의 이해 및 관리

01

내원한 동물의 기본 관리

실습개요 및 목적

내원한 동물의 기본 관리를 수행할 수 있어야 한다.

실습준비물

- 개, 고양이 혹은 동물 모형
- 발톱깎기
- 귀청소액
- 클리퍼
- 휴지, 솜 등
- 입마개, 넥칼라, 담요, 보정 장갑 등 동물 보정 도구

실습방법

1. 내원한 동물의 외형을 관찰하여 눈, 귀, 털 상태, 발톱 상태 등 기본적인 상태를 체크한다.
2. 발톱깎기, 귀청소, 항문낭 짜기, 발바닥 털 및 생식기 주변 털 관리를 수행한다.
3. 동물이 편안하면서 조작이 쉽도록 보정하는 법을 연습하며 원내 인원이 부족할 경우를 대비하여 추가적인 보정 없이 혼자서도 조작 및 관리가 가능하도록 연습한다.
4. 관리 중 동물이 스트레스와 관련된 공격성 등과 같은 행동을 보이지 않는지 면밀히 체크하며 행동 전후 빠르게 대처할 수 있어야 한다.
5. 필요할 경우 보호 장구를 적절하게 적용하여 안전한 상태에서 수행한다.

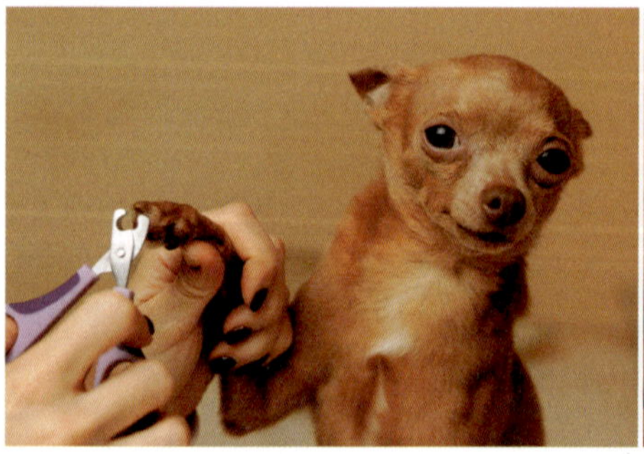
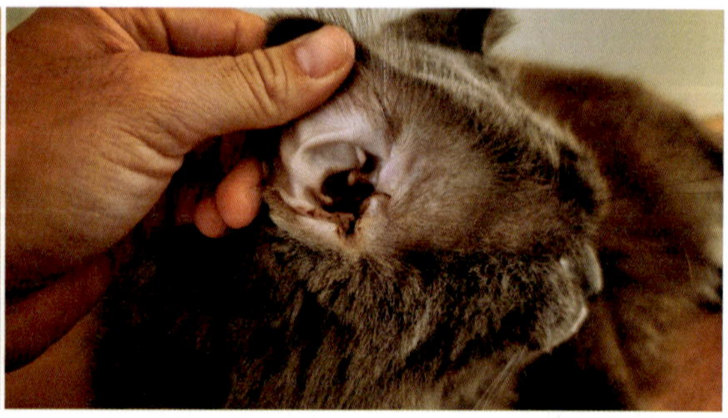

실습 일지

실습 날짜	. . .

실습 내용	
토의 및 핵심 내용	

교육내용 정리

내원한 동물의 정보를 통한 행동 파악

실습개요 및 목적

내원한 동물의 기본 정보를 통해서 그 동물의 행동을 예측하고 적절하게 대처할 수 있다.

실습준비물

- 개, 고양이 혹은 모형
- 진료 차트 혹은 진료 접수 메모

실습방법

1. 동물의 종, 성별, 연령, 크기, 내원 사유 등 내원 시 획득한 정보를 통해 어떤 행동을 원내에서 보일 수 있는지 예측해 본다.
2. 특히 통증과 관련한 건강 이슈가 있을 경우 안전을 위해 보정 및 관리에 보다 요령과 주의가 필요함을 숙지한다.
3. 진료 접수 메모 및 차트를 보며 실제 이 동물을 진료할 때 주의해야 할 행동 이슈가 있을지 논의한다.

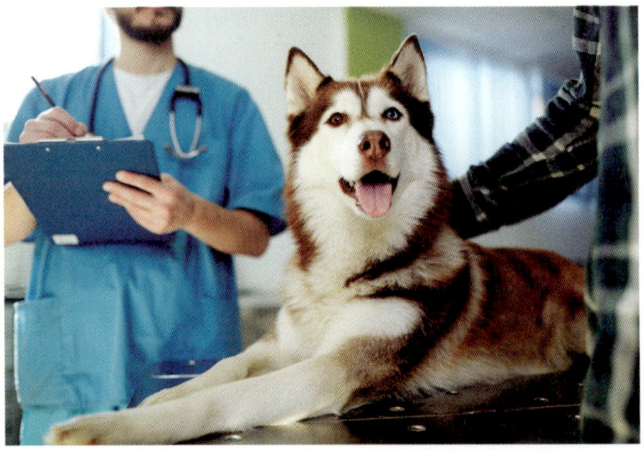

실습 일지

실습 날짜	. . .

실습 내용	
토의 및 핵심 내용	

교육내용 정리

03

진료 중인 동물의 행동 관리

실습개요 및 목적

동물병원에 내원한 아픈 동물이 보일 수 있는 다양한 스트레스 행동을 이해하고 모두에게 안전하면서 동시에 동물에게 스트레스를 최소한으로 줄 수 있도록 동물을 적합하게 보정하고 관리할 수 있다.

실습준비물

- 개, 고양이 혹은 모형
- 넥카라, 입마개, 보정 장갑, 담요 등 보호 도구

실습방법

1 동물병원에 내원하는 동물은 기본적으로 신체적으로 불편한 상태이며 동물병원이라는 낯선 환경에서 스트레스를 받고 있어 정상적인 행동을 보일 수 없음을 인지한다.
2. 공격성을 포함한 스트레스 행동을 가급적 줄일 수 있도록 안전하고 편안하게 동물을 보정해본다.
3. 진료진의 보호를 위해 입마개, 넥카라, 보호 장갑, 담요 등의 사용법을 숙지해야 한다.
4. 채혈, 영상 검사 등 필요한 검사들이 용이하도록 동물을 올바른 자세로 보정할 수 있어야 한다.

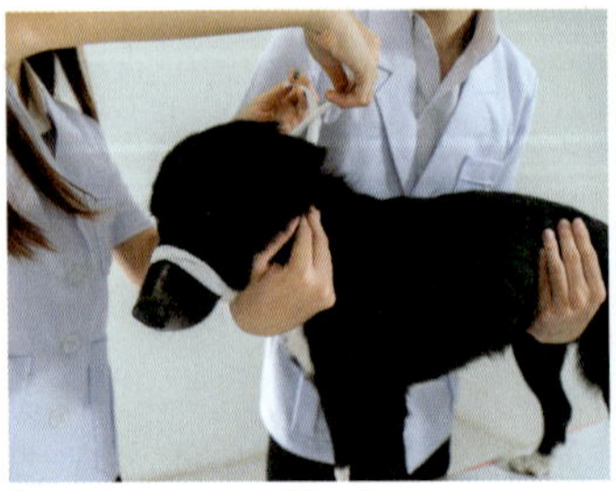

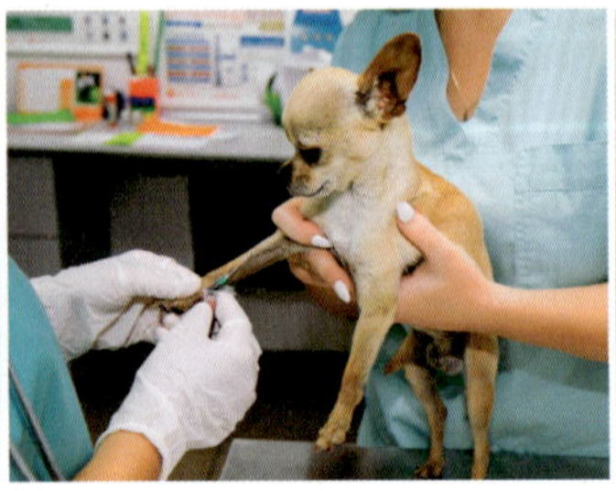

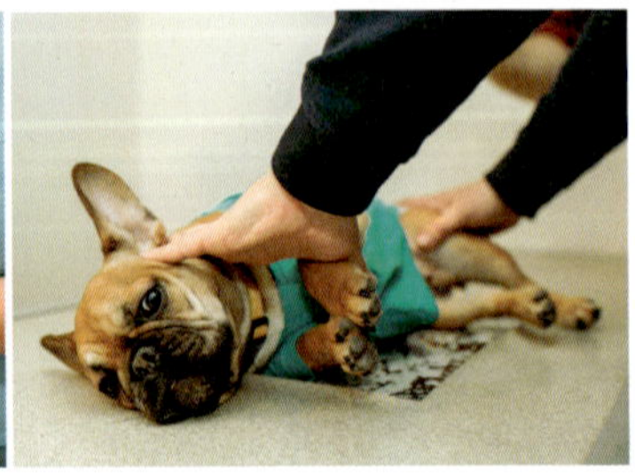

실습 일지

실습 날짜	. . .

실습 내용	
토의 및 핵심 내용	

교육내용 정리

04

입원 중인 동물의 행동 관리

실습개요 및 목적

의료 처치를 받으며 제한된 공간에서 관리되어야 하는 아픈 동물의 행동을 어떻게 관리할 수 있을지 학습하며 실제로 논의하여 적용해 본다.

실습준비물

- 개, 고양이 혹은 모형
- 입원장 혹은 크레이트
- 넥카라, 입마개, 보정 장갑, 담요 등 보호 도구

실습방법

1. 행동 관리 이전에 입원 중인 동물의 진료 및 처치 사항에 대해 숙지해야 한다.
2. 제한된 공간에서 관리 중인 동물이 보일 수 있는 다양한 스트레스 행동이 어떤 것들이 있을지 논의해본다.
3. 이에 어떻게 대처할 수 있는지 상의하고 이를 실제로 적용하였을 때의 적절성 여부를 판단해 본다.
4. 행동의 제한이 필요한 입원 동물의 경우 입원장에서의 행동 반응이 심각할 경우 의료진과 상의하여 적절한 스트레스 관리가 이루어질 수 있도록 보조한다.

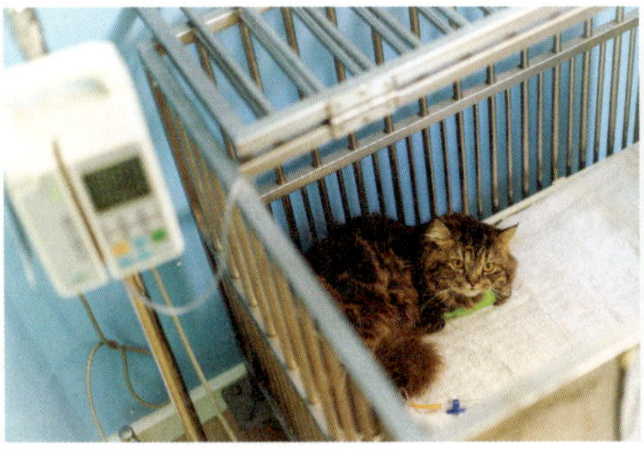

실습 일지

실습 날짜	. . .

실습 내용	
토의 및 핵심 내용	

교육내용 정리

05

호텔링, 놀이방 동물의 행동 관리

실습개요 및 목적

호텔링이나 놀이방을 운영하고 있는 동물병원의 경우 동물을 어떻게 행동학적으로 편안하게 관리할 수 있는지 학습한다.

실습준비물

- 개, 고양이 혹은 모형
- 입원장 혹은 크레이트

실습방법

1. 입원장과 같이 좁고 제한된 공간에서 동물을 관리할 경우 보일 수 있는 과도한 짖음 등과 같은 다양한 행동 반응들이 어떤 것들이 있을지 논의하고 어떻게 대처하고 해결할 수 있을지 논의한다.
2. 여러 동물들이 한 공간에서 관리되는 상황에서 발생할 수 있는 다양한 행동 문제들(탈출, 동물들 간의 물리적 충돌, 배식, 청소 등)에 대해 어떻게 예방할 수 있는지 논의하고 실제로 이러한 사고가 발생했을 경우 어떻게 대처해야 하는지 진료진들과 함께 상의해 본다.
3. 실제 발생했던 사고 사례들을 찾아보고 동물병원 및 시설 차원에서 어떻게 대처했는지 알아보고 대처의 적절성과 개선 방법 등을 논의해본다.
4. 실제 자신의 반려동물을 위탁했을 때 보호자 입장에서 동물병원이나 시설에 개선해야 할 사항들이 어떤 것들이 있는지 토의해본다.

실습 일지

실습 날짜	. . .

실습 내용	
토의 및 핵심 내용	

교육내용 정리

06 그 외 원내 동물의 행동 관리

실습개요 및 목적

원내 진료 대기하거나 용품 등을 위해 단순 내원한 동물의 행동을 어떻게 관리해야 하는지 학습한다.

실습준비물

- 개, 고양이 혹은 모형

실습방법

1. 원내 안전사고 방지를 위해 보호자에게 교육할 사항이 있는지 작성해 본다.
2. 진료 접수, 결제, 용품 구경 등으로 보호자가 반려동물에게 소홀할 수 있는 시점들이 어떤 것들이 있는지 알아보고 동물보건사로서 이런 순간들 어떻게 사고 없이 안전하게 동물을 관리할 수 있는지 토의해 본다.
3. 실제 동물병원이나 시설, 업체에서 동물의 안전을 위해 교육하거나 안내할 사항을 작성해 본다.
4. 원내 배변 배뇨 등으로 인한 청결 상태를 수시로 체크하며 정리해 본다.

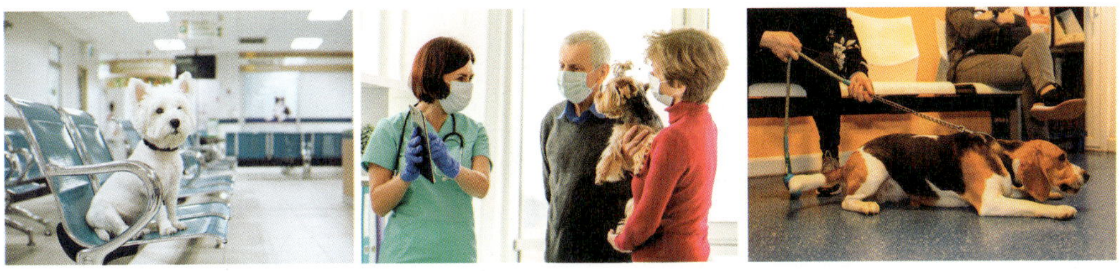

실습 일지

실습 날짜	. . .

실습 내용	
토의 및 핵심 내용	

교육내용 정리

07

소동물 행동의 이해

실습개요 및 목적

개, 고양이 이외의 동물이 내원하였을 때 동물의 종, 정상 행동을 인지하고 올바른 보정 및 관리를 파악하여 이를 수행할 수 있어야 한다.

실습준비물

- 교과서
- 소동물 혹은 모형
- 보정장갑, 담요 등 보호 장구

실습방법

1. 햄스터 등의 설치류, 고슴도치, 페럿, 조류 등 개, 고양이 이외 동물병원에 내원할 수 있는 동물의 종 및 그 종의 정상 행동과 스트레스 행동을 학습한다.
2. 소동물을 진료진과 동물 모두에게 안전하게 보정할 수 있어야 한다.
3. 보호 장구를 적절하게 활용할 수 있어야 한다(예시로 조류의 경우 담요나 수건으로 몸 전체를 감싸듯이 잡아야 날개 손상을 방지 할 수 있다).

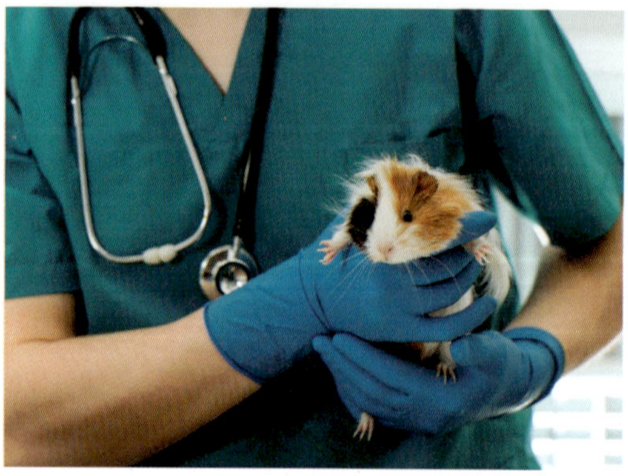

실습 일지

실습 날짜	.　.　.

실습 내용	
토의 및 핵심 내용	

교육내용 정리

메모

학습목표

- 동물보건사로서 접할 수 있는 동물병원 이외의 다양한 현장에서의 동물의 행동을 이해하고 관리할 수 있어야 한다.
- 현장 상황에 적합하게 동물에게 행동을 교육할 수 있어야 한다.

PART 04

동물 관리 기관에서의 동물행동의 이해 및 관리

01

야생동물 행동의 이해 및 관리

실습개요 및 목적

일반적인 동물병원이 아닌 야생동물센터 등의 시설에서 야생동물을 보정하고 관리할 수 있어야 한다.

실습준비물

- 교과서
- 동물 모형
- 담요 등 보호 장구

(견학)

실습방법

1. 우리나라에서 접할 수 있는 야생동물의 종이 어떤 것들이 있는지 학습한다.
2. 동물 종별 정상 행동 및 생태를 학습하고 이에 따라 적절히 사육하고 관리하는 방법을 학습하거나 견학 등을 통해 체험해 본다.
3. 방사를 위한 야생동물 시설의 경우 동물이 야생으로 돌아가기 위한 재활 훈련의 원리와 그 필요성을 파악하고 필요한 환경을 조성하며 행동을 관리하는 것을 체험해 보거나 직접 수행해본다.

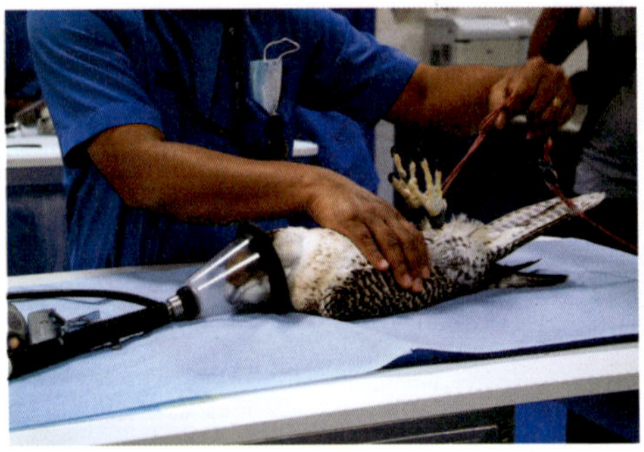

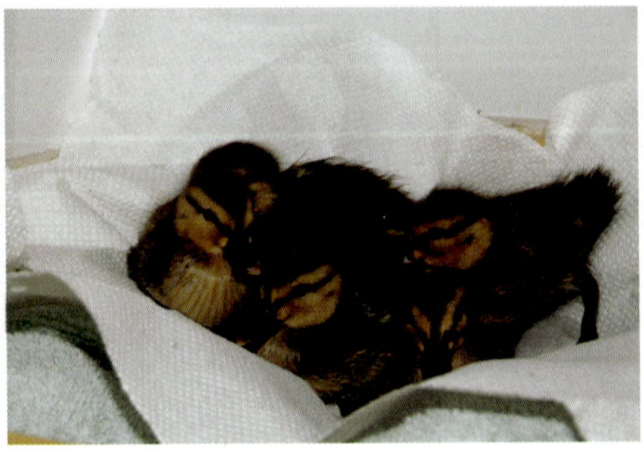

실습 일지

실습 날짜	. . .

실습 내용	
토의 및 핵심 내용	

교육내용 정리

02

동물원 동물행동의 이해 및 관리

실습개요 및 목적

동물원에서 접할 수 있는 다양한 동물들의 정상 행동을 학습하고 실제 각 종별 관리 기준이나 방법 등을 알아본다.

실습준비물

- 교과서
- 동물 모형

(견학)

실습방법

1. 동물원에서 접할 수 있는 동물 종이 어떤 것들이 있는지 학습한다.
2. 동물 종별 정상 행동 및 생태를 학습하고 이에 따라 적절히 사육하고 관리하는 방법을 학습하거나 견학 등을 통해 체험해 본다.
3. 우리나라 환경과 다른 지역 및 환경에서 온 외래종의 경우 기존 환경과 행동을 어떻게 조성해 줄 수 있는지 알아본다.
4. 좁은 공간에 전시 목적으로 사육되는 동물의 경우 행동 문제를 보일 가능성이 매우 크다. 보일 수 있는 다양한 문제 행동들에는 어떤 것들이 있는지 알아보고 이를 개선하기 위해 시설 차원에서 어떤 노력을 하고 있는지 알아본다.
5. 동물이 그 종의 정상 행동을 하게 하기 위한 환경풍부화를 위해 동물원들이 어떤 노력을 하고 있는지 조사하고 토의해 본다.

실습 일지

실습 날짜	. . .

실습 내용	
토의 및 핵심 내용	

교육내용 정리

03

실험실 동물행동의 이해 및 관리

실습개요 및 목적

실험동물의 종류 및 종별 정상 행동, 적합한 사육 환경을 학습하여 동물의 복지를 향상시키는 동시에 실험 결과의 신뢰성에 대한 의의를 습득한다.

실습준비물

- 교과서
- 동물 모형
- 소형 동물용 케이지

실습방법

1. 주로 소형 설치류가 대부분으로 소형 설치류에 대한 전반적인 이해와 정상 행동에 대한 관리의 필요성을 인지한다.
2. 동물복지 및 실험동물윤리 관련 법안들과 연관된 동물의 사육 기준을 학습한다.
3. 실험에 필요한 조작을 위한 소동물의 기본 보정법을 학습한다.

실습 일지

실습 날짜	.　　.　　.

실습 내용	
토의 및 핵심 내용	

교육내용 정리

04

농장 동물행동의 이해 및 관리

실습개요 및 목적

대규모로 사육되는 대동물 혹은 가금류 시설에서 동물의 행동을 어떻게 관리할 수 있는지 학습한다.

실습준비물

- 대동물
- 관련 영상
  (견학)

실습방법

1. 우리나라에서 사육되어 동물보건사의 관리가 필요한 농장 동물에 어떤 것들이 있는지 알아보고 각 동물의 정상 행동에 대해 학습한다.
2. 실제 농장 환경에서 정상 행동을 하고 있는지 관찰, 혹은 영상 자료를 통해 파악해 본다.
3. 원활한 동물 관리를 위해 교육이 필요한 행동이 없는지 모색해 본다.
4. 대규모로 경제성을 위해 사육되는 동물의 특성상 행동과 그에 따른 환경 관리에 개선할 사항이 있는지 논의해본다.
5. 동물복지농장 인증 기준을 찾아보고 동물이 정상 행동을 하고 생산성을 높이는 데에 어떠한 영향을 미칠 수 있을지 토의해 본다.

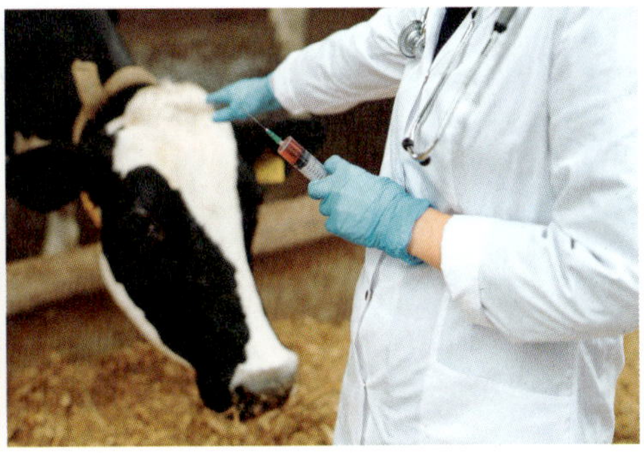

실습 일지

실습 날짜	. . .

실습 내용	
토의 및 핵심 내용	

교육내용 정리

05

트레이닝 기관 및 시설에서의 동물행동의 이해 및 관리

실습개요 및 목적

특수목적동물 훈련소나 반려동물 훈련소 등을 통해 동물을 직접 교육해 보거나 견학을 통해 체험해 본다.

실습준비물

- 반려동물 혹은 특수목적동물(개, 고양이 등)
- 반려동물 훈련 용품(훈련용 장갑, 목줄, 클리커, 간식 등)
- 반려동물 실내/외 운동장

(견학)

실습방법

1. 트레이닝에 필요한 다양한 용품들이 어떤 것들이 있으며 어떻게 사용해야 하는지 학습한다.
2. 실내/외 반려동물 훈련장에서 실제 동물을 활용하여 기본 행동을 교육해 본다
3. 관련 시설 및 기관을 견학하여 실제로 체험해 본다.
4. 사설 훈련 시설에 어떤 행동 문제로 입소하는지 알아보고 어떻게 해결할 수 있는지 생각하여 실제 사례들과 비교해 보완할 점을 논의해 본다.

실습 일지

실습 날짜	. . .

실습 내용	
토의 및 핵심 내용	

교육내용 정리

저자

김민철
경찰인재개발원 경찰견종합훈련센터

신윤주
전주기전대학 동물보건과

감수자

김옥진_원광대
김정연_칼빈대
송광영_서정대
이경동_동신대
이형석_우송정보대
정은겸_대구대
정하정_서정대
하윤철_연암대

동물보건 실습지침서
동물보건행동학 실습

초판발행 2023년 3월 30일

지은이 김민철·신윤주
펴낸이 노 현

편 집 전채린
기획/마케팅 김한유
표지디자인 이소연
제 작 고철민·조영환

펴낸곳 ㈜ 피와이메이트
서울특별시 금천구 가산디지털2로 53 210호(가산동, 한라시그마밸리)
등록 2014. 2. 12. 제2018-000080호

전 화 02)733-6771
f a x 02)736-4818
e-mail pys@pybook.co.kr
homepage www.pybook.co.kr
ISBN 979-11-6519-398-0 94520
979-11-6519-395-9(세트)

정 가 20,000원